부모가 아이에게
절대로 해서는
안 되는 말 50

LES 50 PHRASES A DIRE OU NE PAS DIRE A SON ENFANT
by Natacha Deery, Lisa Letessier
Copyright © Larousse 2017

Korean edition © 2020 by Sensio Publishing
Korean translation rights arranged with Editions through Suum Literary Agency

무심코 내뱉지만 아이에겐 큰 상처가 되는 부모의 말

부모가 아이에게 절대로 해서는 안 되는 말 50

리자 르테시에 · 나타샤 디에리 지음 | 양진성 옮김 | 이임숙 감수

센시오

아이는
부모의 말로 자란다

이임숙 (맑은숲아동청소년상담센터 소장)

오늘 하루, 아이 잘되라고 한 말이 과연 아이 마음에는 어떤 영향을 주고 있을까요? 정말 도움이 되는 말일까요? 혹시 자존감에 상처를 준 건 아닐까요?

부모의 말은 당연히 아이를 좋은 방향으로 이끌어야 합니다. 하지만 안타깝게도 아이 잘되라고 내뱉은 말들이 오히려 아이의 자신감을 무너뜨리고, 무기력하게 만드는 경우가 너무 많습니다.

아이의 마음과 정신을 키우는 일은 모두 부모의 말로 이루어집니다. 어떤 말은 아이를 성장시키는 동력이 되고, 어떤 말은 아이의 잠재력을 짓밟는 공격의 말이 됩니다. 아무리 애를 써도 아이의 문제행동이 점점 많아진다고 생각된다면, 이젠 멈추고 부모의 말을 살펴보아야 할 때입니다.

부모는 아이의 행동에 무슨 말을 어떻게 해야 할지 몰라 그저 자신이 듣고 자랐던 언어를 무심코 사용합니다. 그 말이 아이에게 얼마나 치명적인 영향을 주는지 알지 못한 채 실수를 반복합니다. 부모 자신도 '잘못한 점은 콕 집어 따끔하게 혼내야 한다'는 잘못된 육아법 속에서 자라왔기 때문입니다. 우리의 부모가 나에게 한 말들이 너무 아프고 싫었지만, 안타깝게도 대물림하고 있는 거죠. 수천 번 이상 들었던 말이기에 나도 모르게 툭 튀어나오는 비난의 언어가 지금 이 순간에도 우리 아이의 마음에 상처를 주고 병들게 하고 있습니다.

프랑스의 임상심리학자들이 집필한 이 책은 일상에서 무심코 사용하는 부모의 언어가 아이 마음에 얼마나 큰 부작용을 줄 수 있는지 조목조목 짚어줍니다. 하루 종일 아이와 부대끼는 상황에서 진짜 중요한 게 무엇인지, 꼭 알아야 할 게 무엇인지를 50가지 말을 통해 일목요연하게 보여줍니다.

소리치고 비난하고 혼내는 방식은 아이에게 전혀 도움이 되지 않을 뿐 아니라, "너 때문에 엄마가 창피해" 같은 말이 얼마나 살인적인 말이며, 아이가 자신을 수치스럽게 생각하게 하고 아이의 자존감에 치명상을 입히는 말이라는 불편한 진실, 하지만 꼭 알아야 할 진실을 마음에 새길 수 있게 도와줍니다.

　잘못한 걸 비난하는 것은 사후약방문과 같습니다. 그렇다고 모른 척하라는 게 아닙니다. 부정적인 언어는 멈추고, 이를 긍정적인 언어로 예방하는 말을 해주어야 합니다. 상처 주기 전에 격려할 줄 알고, 비난이 아니라 지지하며, 혼내고 겁먹게 하는 게 아니라 좋은 가르침을 주는 언어의 지침을 이 책에서 명료하게 보여줍니다. 소중한 우리 아이의 개성과 자질을 긍정적으로 살려줄 수 있는 언어와 더불어 부모 자신의 마음을 돌보는 방법도 친절하게 알려줍니다.

아이 가슴에 평생 새겨지는 부모의 말 한마디

부모의 말은 어떤 종류의 말이든 아이가 마음속에 깊이 간직하게 됩니다. 부모의 부정적인 말에 상처받았던 아이는 부모가 옆에 없어도 각인된 그 말로 다시 자신을 공격합니다. 반면, 부모의 좋은 언어를 마음에 새긴 아이는 외롭고 힘든 순간 부모의 좋은 언어로 스스로를 치유할 수 있게 됩니다.

　아이에게 해서는 안 될 말들이 무척 많다고 막연히 느끼고는 있지만, 과연 어떤 상황에서 어떤 말을 해야 할지에 대한 명확한 지침이 부족해 막막하다고 느끼는 부모가 많았습니다.《부모가 아이에게 절대로 해서는 안 되는 말 50》은 아이에게 해서는 안 되는 부정적인 언어뿐만 아니라 아이의 자존감을 높이고, 문제 해결력을 길러주며, 당당한 아이로 자라게 해주는 긍정의 힘을 지닌 언어를 간단하고 명확하게 제시하고 있습니다. 특히 그동안 많은 육아서에서 제대로 다루지 못했던 부모가 싸웠을 때나 이혼한 경우 아이에게 해서는 안 될 말이나 행동, 또 아이에게 반드시 해줘야 할 말을 자세히 알려주고 있어 참 반갑습니다.

하루에 한 번씩, 천천히 훑어보다 마음에 와닿는 부분은 다시 한 번 더 생각하며 읽다 보면 가랑비에 옷 젖듯 좋은 말의 습관을 키워갈 수 있을 거라 확신합니다.

미처 생각지 못한 우리 아이의 깊은 속마음을 이해할 수 있는 좋은 계기가 되길, 좋은 부모의 언어로 아이 마음이 밝게 빛나게 되길 바랍니다.

부모도 아이도
상처받지 않고 소통하는 법

"너 하고 싶은 대로 해. 엄마는 이제 상관 안 해!"

"꼭 자기 아빠 닮아가지고….."

"다른 애들은 몇 점 받았어?"

"엄마 너 때문에 너무 힘들어"

"이게 지금 울 일이야?"

하루에도 수십 번씩 우리 입에서 튀어나오는 이런 말들이 별것 아니라고 생각할지 모르지만 사실 아이에게는 매우 치명적인 말입니다. 아이에게 심리적으로 부정적인 영향을 미치는 이런 말들을 대수롭지 않게 여겨 안타깝게도 소중한 우리 아이에게 큰 상처를 주고 있습니다. 하루에도 몇 번씩, 매일 같이 되풀이하면서 말이죠.

이 책에서는 심리학을 토대로 부모가 일상에서 가장 많이 쓰는 말 50가지를 골라 그 말이 아이에게 미치는 영향을 간단명료하게 분석했습니다. 거기에 그치지 않고 부모와 아이가 즉각적인 효과를 볼 수 있도록 부모가 아이에게 꼭 해주면 좋을 말들을 함께 담았습니다. 이 말들은 자존감 높은 아이, 자신감 넘치는 아이, 긍정적인 아이로 자라는 데 그 무엇과도 비교할 수 없는 가장 강력한 힘이 됩니다.

이 책을 통해 부모의 감정을 아이에게 차분하게 전달하고, 아이도 자신의 감정을 편한 분위기에서 분명하게 표현하는 시간이 늘어나기를, 그래서 부모도, 아이도 서로 상처받는 일 없이 긍정적인 소통을 이어나가게 되기를 바랍니다.

차례

1장 아이는 부모의 말에서 감정을 배운다

2장 아이에게 독이 되는 죄책감을 안기는 말

아이는 부모의 말에서
감정을 배운다

01

"뚝 그쳐! 계속 울면 진짜 혼난다!"

아이가 울음을 터뜨렸을 때 "혼난다"는 말로 위협하며
아이의 감정을 무조건 억제하려고 하는 것은 좋은 방법이 아닙니다.

아이가 울 때는 그럴 만한 '타당한 이유'가 있어서입니다. 특히
아직 언어를 학습하지 못한 아이는 자신의 감정을 표현할 방법
이 많지 않습니다. 두려움을 느낄 때, 어딘가 아플 때, 화가 날 때,
실망스러울 때 그 상태를 말로 표현할 수 없는 아이는 울음을 통
해 자신의 상태를 표현할 수밖에 없습니다. 우리 귀는 민감한 기
관이라 때로 이런 울음소리를 견디기 어렵습니다. 그래서 부모는
어떻게 해서든 울음을 그치게 하려 하지만 오히려 상황은 더 악
화됩니다. 그럴수록 아이는 자신이 불완전하고 실망스럽게 느껴
져 더 서럽게 우는 거죠. 이것은 결코 좋은 전략이 아닙니다.

물론 부모 입장에서는 예를 들어 사탕을 연달아 다섯 개씩 먹지 못하게 했다고 해서 아이가 이렇게까지 계속 우는 것은 잘못된 상황이라고 생각하죠. 그래서 아이의 울음을 바로 그치게 하기 위해 아이에게 '너는 지금 울 이유가 없다', '네가 지금 우는 건 잘못된 거다'라고 가르치려고 합니다. 그러나 아이가 울음을 터뜨릴 때마다 이러한 부모의 피드백이 반복된다면 나중에 아이는 여러 상황에서 감정의 혼란을 겪으며 슬픔을 느낄 때 눈물 대신 화를 내는 방법으로 감정을 표현하게 될 수 있습니다.

아이의 감정을 대신 말로 설명해주세요!

다시 사탕을 예로 들어보면, 우는 아이에게 이렇게 말할 수 있습니다. "사탕을 하나 더 먹고 싶은데 못 먹어서 실망한 건 엄마도 이해해. 그런데 사탕을 지금 하나 더 먹으면 배가 아플 수도 있어. 그래도 지금 많이 속상하지? 그러니까 울음이 그칠 때까지 엄마가 기다려줄게."

혹은 아이가 피곤하거나 화가 나서 울 때 이렇게 말해보세요. "네가 지금 피곤해서 우는 구나. 엄마도 이해해. 괜찮아. 이제 금방 잠이 들 거야" 혹은 "그래. 네가 화가 나는 것도 당연해. 지금 네 기분이 안 좋은 건 엄마도 이해하거든. 그런데도 왜 그걸 못하게 하냐면…" 하고 우선 공감의 말로 아이가 느끼는 감정을 대신 설명해주고, 그 뒤에 상황에 대한 설명을 해주세요.

이렇게 해보세요

아이는 말로 표현하는 데 한계가 있으니 엄마가 아이의 감정을 대신 말로 표현해주는 것이 중요합니다.

02

"넌 아직 어려. 네가 끼어들 때가 아냐"

아이의 말이나 행동을 중요하지 않다는 태도로 막는
부모의 말은 아이 스스로 자신의 존재를 하찮게 받아들이게 합니다.

어른들의 대화에 자꾸 끼어들고 참여하려는 아이에게 부모는, 특
히 심각한 상황일수록 "네가 뭘 안다고. 넌 아직 아무것도 몰라",
"지금 어른들끼리 이야기하고 있잖아. 가서 혼자 좀 놀고 있어"라
며 대화에 참여하려는 아이를 밀어내는 말을 쉽게 내뱉습니다.

아이가 자유롭게 말하는 것을 방해하거나 아이의 생각이나 아
이디어를 무시하는 말은 아이의 자존감을 매우 해치는 위험한 말
입니다.

아직 감정과 사고가 발달단계에 있는 아이를 제지할 때는 신중
해야 합니다. 자신의 생각이 제지당하는 경험을 자주 겪게 되면

아이는 자신이 하는 말은 아무 가치도 없고, 자신의 생각들은 하찮은 생각이라고 여기며 자라게 됩니다. 물론 아이가 무언가를 이야기할 때 다른 사람의 이야기를 그대로 따라하는 경우도 있습니다. 당연합니다. 아직 표현력이 부족해 아이 스스로 자신의 생각을 충분히 의미 있게 표현하기는 어려우니까요.

이와 상반된 방법도 좋지 않습니다. 아이의 말만 늘 우선시하고, 대화 중에 말을 끊고 끼어들 때 그대로 내버려두면 자신의 한계를 받아들이는 능력을 기르기가 어렵습니다. 따라서 아이에게 어른들이 말할 때 끊지 않고 끝까지 듣고 기다리며 상대의 말을 존중하는 법을 가르치는 동시에 아이의 생각과 감정을 표현할 시간도 충분히 주어야 합니다. 이는 아이를 성숙하게 만들면서도 스스로 존중받고 있음을 느끼게 해주는 반드시 필요한 일입니다.

정도껏 허락하라!

예를 들어 부모가 이번 달 생활비나 금전적인 문제를 이야기하는 상황이라면, 아이는 무심결에 인상을 쓰거나 다소 심각해 보이는 부모의 모습을 보며 무언가 문제가 있다고 느끼게 됩니다. 이때 일단 아이의 질문에 답변해주고 아이의 제안도 진지하게 들어줍니다. 그러고 나서 부모의 계획과 함께 상황을 해결할 능력이 있음을 알려주어 아이가 더 이상 걱정하지 않도록 안심시켜 주세요.

03

"더 이상
토 달지마!"

아이가 질문하거나 "왜?"라고 물어볼 때
아무 설명 없이 선고를 내리지 마세요!

부모가 무심결에 매우 자주 내뱉는 말입니다. 조심하세요! 이렇게 애매하고 부당해 보이는 말은 어른들도 받아들이기 어렵습니다. 직장에서의 상황에 대입해보세요. 이해하기 어려운 상황에서 상사가 "토 달지 말고 그냥 해!"라고 한다면 어떤 감정이 드나요? 아이가 느끼는 감정도 마찬가지입니다.

모든 생각을 함께 나누고, 지나치게 자세한 정보까지 아이에게 알려주는 것도 좋지 않지만, 중요한 것은 아이의 발달단계에 맞는 간단한 설명은 반드시 해주어야 합니다. "9시에는 무조건 자!"라고 말하는 것보다는 충분한 수면시간이 필요한 이유, 늦게

잠자리에 들면 내일의 계획에 차질이 생길 수 있다는 점 등 9시에 자야 하는 이유를 간단히라도 설명해주어야 합니다.

'하지 말아야 할 이유'를 설명해주세요!

아이에게 한계를 정해주는 사람은 바로 당신입니다. 부모의 충분한 설명으로 아이가 무언가를 하지 말아야 할 이유를 이해하고 받아들이면 그 규칙을 존중할 가능성이 훨씬 더 커집니다. 또한 아이의 추론 능력을 개발하고 인과관계를 이해하는 데에도 도움이 됩니다. 하지만 "그냥 그런 거야" 하고 말하면 아무런 도움도 되지 않습니다!

이렇게 해보세요

아이 연령대에 맞는 책을 활용하세요. 기본생활 규칙을 알기 쉬운 단어로, 그림과 함께 놀이로 접근하는 책이 아이가 이해하기 좋습니다.

"별거 아냐!"

어른에게는 사소한 일이 아이에게는 큰일일 수 있습니다. 부모의 이와 같은 말로 아이는 자신이 존중받지 못한다고 느끼게 됩니다.

"별거 아냐!"란 말은 부모들이 자주 사용하는 말로 부모 입장에서는 좋은 의도를 담고 있긴 합니다. 걷는 방법을 배우는 아이가 계속해서 넘어지면 "괜찮아. 별거 아냐. 다시 해보자"라고 말합니다. 이때는 아이에게 응원의 말로, 힘을 실어주는 말이 됩니다.

하지만 이 말이 최악의 말이 되는 경우는, 아이가 학교에서 돌아와 친구와 문제가 있음을 고백했는데 아무렇지 않은 말투로 이렇게 말하는 것입니다. "별거 아냐. 너무 신경 쓰지 마!"

아이가 느끼는 부정적인 감정을 부모가 받아들이고 인정해주면 아이는 극복할 힘을 기를 수 있습니다. 하지만 아이가 문제라고 느끼는 상황에 대해 "별거 아냐"라는 식으로 표현하면 아이는 무의식적으로 자신이 느끼는 부정적인 감정이 더욱 악화됩니다. 그리고 의식적으로는 부모가 자신의 감정을 일반화한다고 받아들일 겁니다. 자신의 감정을 전혀 이해하지 못할 뿐 아니라 자신의 문제를 신경 쓰지 않는다고 인식하는 거죠.

그때 아이가 느끼는 감정을 말로 표현해보면 이렇습니다. "이거 별거야! 중요한 문제라고! 엄마는 나한테 신경도 안 써!"

그럴 때 대신 이렇게 말해보세요.

"친구 때문에 네가 정말 속상했겠네. 하지만 넌 금방 해결책을 찾을 수 있을 거야. 네가 원한다면 엄마도 도와줄게."

이렇게 해보세요
- 절대로 별일 아니라는 듯 이야기하지 마세요.
- 부정적인 표현은 최대한 피하세요.

05

"엄마 괜찮아. 슬픈 거 아니야"

아이는 스펀지 같습니다. 당신의 감정에 대해
아이에게 거짓말한다면 아이는 금세 알아차리죠.

아이가 당신에게서 느낀 감정을 부정하는 것은 아이를 혼란스럽게 만들 뿐입니다. 아이는 뭔가 사실과 다르다는 것을 느끼고 당신이 진실을 말하지 않는다고 생각합니다.

아이는 매우 자기중심적이어서 그 책임을 자신에게 돌릴 위험이 있습니다. 어른들은 '어른들의 일'로 슬프고, 화가 나고, 불안할 때 아이에게 그 감정을 숨기곤 하죠. 물론 좋은 의도로 그런 것이지만 항상 아이에게 그 감정을 전부 감출 수 있는 것은 아닙니다.

예를 들어 직장생활이나 인간관계에서 힘든 상황에 처했을 때 부모일지라도 우울감에 빠질 때가 있습니다. 아이가 당신에게서 그 모습을 감지했을 때 아이가 인지한 것을 존중하면서 당신의 감정에 대해 아이가 느끼는 책임감을 완화시켜주는 것이 중요합니다. 이렇게 말이죠. "그래. 맞아. 엄마 지금 너무 슬퍼. 하지만 너 때문에 슬픈 건 전혀 아니니까 걱정 마. 그리고 곧 괜찮아질 거야."

아이가 당신의 감정을 인지했다면 아이가 느낀 것을 함께 이야기하고 아이 탓이 아니라고 알려주어 책임감을 덜어주세요.

그렇다고 당신의 감정을 전부 다 털어놓지도 마세요!

반대로 당신이 왜 슬픈지에 대해 시시콜콜하게 다 털어놓아서도 안 됩니다. 당신은 아이에게 기둥 같은 존재입니다. 아이 입장에서는 자신의 기둥이 무너지지 않고, 자신을 계속해서 돌볼 수 있다는 사실을 본능적으로 확인하고 싶어 합니다. 그러므로 자신의 부모가 '약해진' 모습을 보면 아이는 쉽게 불안감을 느낍니다. 그러니 굳이 거짓말을 하거나 감출 필요는 없지만 그렇다고 너무 심각하게 시시콜콜 이야기하면 아이가 문제를 더 심각하게 느낄 수 있으니 주의하세요.

06

"남자애가 이런 걸 가지고 울고 그래"

안타깝게도 여전히 감정 표현을 하면
약점이 드러난다고 생각해 감정을 억누르게 하는 가정이 많습니다.
남자 혹은 첫째아이에게는 더 엄격하게 말이죠.

감정을 터뜨리지 못하고 참는 습관을 가지고 자라나면 어른이 되었을 때 아주 좋지 않은 영향을 미칩니다. 감정은 어쩔 수 없이 표출됩니다. 감정을 느끼고 표현하는 것은 긍정적인 심리적, 감정적 발달에 반드시 필요합니다. 따라서 감정을 잘 표현하는 방법을 어릴 때부터 익혀야 합니다.

당신도 어렸을 때 자신의 감정이 받아들여지지 않거나 감정을 표현할 곳이 없는, 감정을 받아들여주는 사람이 없는 환경에서 자랐을지 모릅니다. 그래서 울 일이 있어도 그저 울음을 참으면서 '괜찮아. 금방 다 지나갈 거야' 하며 자신의 감정을 무시하게 되었을지 모릅니다.

이렇게 자신의 감정을 계속해서 회피하고 외면하면 상황은 악화될 뿐입니다. 표현되지 않은 감정은 쌓이고 쌓여 결국엔 '흘러넘치게' 되기 때문입니다.

아이가 감정을 표현할 때는 공감의 말을 먼저 하세요!

아무리 강조해도 지나치지 않아요. 감정을 참게 하는 것은 좋지 않습니다. 아이가 울고, 화를 내고, 두려움을 마음껏 표현하게 하세요. 아이가 과장하는 것 같을 때에도 아이가 우는 이유, 화가 난 이유를 우선 들어주고, 아이 스스로 진정할 시간을 충분히 주세요.

또 이런 말은 절대 하지 마세요. "그만해. 너 우는 소리 듣고 싶지 않아!" 아시다시피 그러면 아이는 더 악을 쓰고 울 뿐입니다. 그보다는 대화를 유도해 감정적 흥분을 수용할 수 있는 방법을 제안해보세요. 대화를 시작할 때는 "네가 지금 슬프고, 화가 나고, 마음이 아픈 거 엄마도 이해해"라는 공감의 말로 시작하는 것이 중요합니다.

"좀 떨어져!"

아이가 껌딱지처럼 붙어 있으려고 한다면 아이가 불안하다는
신호일 수 있습니다. 무조건 떨어뜨리려 하는 건 위험해요!

촉감은 처음 발달하는 감각으로 아이는 스킨십을 통해 세계를 이
해합니다. 특히 애정을 느끼고 받아들이며 마음에 안정감을 얻습
니다. 그렇기에 부모는 아이에 대한 사랑을 말뿐만 아니라 안아
주기, 뽀뽀, 쓰다듬어주기 등 스킨십을 통해서도 충분히 표현해
주어야 합니다.

　혹여 당신이 아이에게 그다지 스킨십이 많은 편이 아니라면,
당신의 부모 역시 스킨십이 많지 않은 사람이었거나 혹은 너무
많은 사람이었을 수 있습니다.

　잊지 말아야 할 점은 스킨십을 통해 안정감을 느끼는 것은 아

이의 근본적인 발달단계에 반드시 필요한 과정이고, 이 과정은 다른 방식으로는 채워지지 않는 대체 불가능한 과정이기에 스킨십을 충분히 해주지 않는다면 나중에 아이가 '애정 결핍'을 겪을 수도 있습니다.

아이가 지나치게 껌딱지처럼 하루 종일 붙어 있으려 하고, 스킨십을 계속해서 원한다면 아이에게 두렵거나 슬픈 일이 있는지 자세히 살펴볼 필요가 있습니다. 지나친 '집착'은 불안정한 감정의 신호입니다. 아이가 유독 분리를 힘들어한다면 분리불안 상태일 수 있습니다. '엄마, 아빠가 나를 떠날지도 몰라'라는 생각을 품고 있어 부모와 함께 있어도 마음이 늘 불안한 겁니다. 그런 아이에게 "작작 좀 붙어 다녀", "엄마 귀찮으니까 좀 떨어져 있어"라고 말한다면 아이는 존재 자체를 거부당했다고 느낍니다.

떨어져 있을 수밖에 없는 상황을 충분히 설명해주세요!

당신도 아이와 함께 있는 것을 좋아하지만 때에 따라 할 수 있는 일이 다르다고 아이에게 시간을 들여 설명해주세요. 뽀뽀를 할 수 있는 때가 있고, 잠시 서로 다른 것을 해야 할 때도 있다고요. 아이와 꼭 붙어 있을 수 있는 때도 있지만, 식사 준비를 할 때는 잠시 떨어져 있어야 한다고 말이죠.

또 짧은 시간이라도 떨어져 있게 될 때는 아이에게 미리 어떤 이유로 몇 분을 떨어져 있어야 하는지, 몇 분 후에 다시 돌아올 거라는 설명을 구체적으로 해주는 것이 좋습니다.

이렇게 해보세요

- 시간이 날 때마다 아이에게 당신의 사랑을 충분히 보여주세요.
- 당신이 하던 일을 끝내고 나면 그때 안아주겠다고 약속하세요.
- 떨어져 있어야 하는 시간이 길어진다면 아이가 중간중간 안심할 수 있도록 볼일을 보는 도중 5분마다, 10분마다 잠깐씩 와서 안아주고 뽀뽀해주세요.

08

"너가 말을 해야 알지!"

아이가 슬픔이나 두려움, 분노 등의 감정에 빠져 있을 때
아이를 다그치며 설명해줄 것을 요구하지 마세요.

무슨 말인지 몰라 답답한 부모는 아이를 계속 다그치지만 소용이 없죠! 아이는 입을 꾹 다물고 있습니다. 감정을 말로 표현하도록 요구하는 것은 훌륭한 시작이지만 아이의 특성에 따라, 상황에 따라 통하지 않을 수도 있기 때문에 항상 확실한 방법이라고는 할 수 없습니다.

우리도 '이상하네. 오늘따라 왜 이렇게 우울하지?' 할 때 있지 않나요? 아이도 마찬가지입니다. 슬프고, 두렵고, 화가 나는데 아이 스스로도 무엇 때문인지 정확히 이해하지 못할 수 있습니다. 또 자신의 감정 상태가 그렇게 된 원인을 말로 표현하지 못할 수

도 있습니다.

그럴 때는 아이의 격한 감정이 누그러질 때까지 기다렸다가 다시 표현해보도록 하는 것이 좋습니다. 또 원인을 알고 싶은 답답한 마음에 자꾸 '왜'를 설명하라고 다그치기보다는, 그럴 때는 그냥 지금의 기분이나 상태를 표현할 수 있도록 해주는 것이 좋습니다.

아이가 감정을 표출할 수 있는 활동을 함께 하세요!

그래도 말을 하지 않는다면 함께 그림을 그리거나 글을 쓰거나 음악을 듣는 등 아이가 감정을 표출할 수 있는 활동을 함께하는 게 좋습니다.

2장

아이에게 독이 되는
죄책감을 안기는 말

09

"너 때문에
엄마 너무 힘들어"

당신의 힘든 마음에 대한 책임을 아이에게 전가하지 마세요.
아이는 스스로를 자책하며 혼란에 빠지게 됩니다.

어른이든 아이든 감정적인 협박은 결코 좋은 해결책이 아닙니다.
부모라면 때로는 아이 때문에 화가 나고, 지치고, 무력감을 느껴
서 울기도 합니다. 하지만 이렇게 힘든 마음을 아이에게 전가해
죄책감을 느끼게 하고 그 책임을 지우는 것은 정말 어리석은 방
법입니다.

　이런 말을 듣는 아이는 '나는 엄마를 힘들게 하는 나쁜 아이'라
는 생각을 하게 되고, 모든 상황에서 자기 탓이라 생각하며 자책
하는 아이로 자라게 됩니다. 또 부모의 사랑을 잃을까 두려워 늘
불안한 마음을 안고 살게 됩니다.

도움을 요청하세요!

아이로 인해 자주 우울감에 빠지는 상황이라면 전문가에게 도움을 요청하세요. 과도하게 활동적인 아이의 부모는 일상생활이 자주 악몽으로 바뀌는 경험을 합니다. 지나치게 활동적인 아이는 행동을 통제하기 어려워 부모로서 무력감을 자주 느끼기도 합니다. 그럴 때는 이렇게 말해보면 어떨까요?

"엄마가 너 정말 사랑하는 거 알지? 하지만 네가 조금 전에 엄마를 때렸을 때는 정말 아팠어. 네가 때린 행동 때문에 엄마 마음이 아파. 다시는 이런 일이 일어나지 않게 우리 함께 해결 방법을 찾았으면 좋겠어."

"너한테
실망했어"

아이에게는 부모를 실망시킨다는 건 정말 끔찍한 일입니다.
아이에게는 사랑을 잃었다고 느끼게 하는 말입니다.

학교에서 안 좋은 성적을 받았거나 부적합한 행동을 했을 때 아이는 당신의 눈빛에서 실망감을 읽어냅니다. 당신의 기대치에 미치지 못했다는 걸 아이도 알아차리는 거죠. 그때 아이의 행동만을 꾸짖어야지, 아이의 존재 자체를 나무라면 안 됩니다.

그럴 때는 당신이 지금 기분이 언짢은 이유를 '학교 성적'이든 '친구와의 다툼'이든 특정 문제로 한정해서 이야기해줘야 합니다. 그래야 부모가 거부하는 것이 자신의 존재가 아니라 자신의 행동임을 이해하기 때문에 아이는 자존감을 잃지 않습니다.

아이가 무슨 어리석은 짓을 하더라도 아이를 향한 당신의 사랑에는 변함이 없다고 안심시켜 주세요. 그러면 아이는 귀를 열고 '인생 공부'를 할 준비를 합니다.

"너"라는 말을 없애세요.

예를 들어 아이가 거짓말했다는 사실을 알게 됐을 때 "너한테 실망했어"라고 말하는 대신 "네가 거짓말한 것 때문에 엄마는 정말 슬펐어. 엄마는 네가 훨씬 더 괜찮은 아이라는 걸 아니까. 왜 네가 그런 행동을 했는지 생각해봐"라고 말해주세요.

그렇게 말하면 아이는 부모의 사랑을 잃었다고 느끼며 두려워하는 대신에 건설적인 태도로 자신의 행동을 돌아보게 됩니다.

이렇게 해보세요

아이를 훈육할 때 4가지만 기억하세요!
- 행동: 아이를 나무라지 말고 행동을 나무라세요.
- 감정: 아이의 행동으로 인해 당신이 어떤 감정을 느끼게 되었는지 설명하세요.
- 해결책: 어떻게 해결하면 좋을지 아이와 함께 대화하세요.
- 이해: 아이가 벌 받는 이유를 이해했는지 확인하세요.

11

"너 키우느라
엄마는 ~도 포기했어"

아이가 죄책감을 느끼게 하는 것은 정말 안 좋은 해결책입니다.
아이가 자신의 존재에 부담감을 느끼게 해서는 안 됩니다.

아이는 당신에게 아무것도 요구하지 않았다는 사실을 잊지 마세요. 아이를 위해 당신이 무언가를 포기했다 해도 당신 인생에 대한 책임은 스스로에게 있습니다. 계획보다 빨리 혹은 원치 않게 부모가 되었다고 해도 부모가 되기로 선택한 것은 당신 자신입니다. 아이에게 그 빚을 지우거나 책임을 돌리지 마세요. 당신의 삶은 스스로 책임지세요.

"너 키우느라 엄마는 제대로 놀지도 못했어", "너 때문에 엄마 직장도 그만뒀으니까 두고두고 빚 갚으면서 살아!"

아이에게 이런 말을 하면 아이는 '내가 태어나서 엄마가 힘들어졌구나', '내가 엄마한테 큰 빚을 졌구나'라는 식으로 받아들이며, 이는 아이에게 엄청나게 큰 압박감으로 다가옵니다. 아이는 중압감을 짊어진 채 성장하고, 부모에게 진 빚을 되갚아야 한다는 책임감을 어려서부터 느끼며 살게 됩니다. 아이가 자신의 존재에 죄책감을 느끼게 하지 마세요!

이렇게 해보세요

부모로서가 아닌 '나'만을 위한 시간을 자주 가지세요.

12

"넌 낳지
말았어야 했어!"

너무 화가 나거나 피로에 절어 있을 때 우리는 가끔 마음에도 없는
말을 내뱉곤 합니다. 불행히도 그중 어떤 말들은
아이의 가슴에 평생 상처로 남습니다.

더 이상 견딜 수 없을 만큼 너무 지쳤거나 인내심이 한계에 달해
분노 수치가 올라가는 게 느껴진다면 잠시 멈춰서 심호흡을 하세
요. 또 잠시 분위기를 전환하는 시간을 갖는 것도 굉장히 좋은 방
법입니다.

잘 알다시피 아이들은 때로는 공포영화에서 뛰쳐나온 몬스터
로 변신하기도 합니다. 그럴 때는 마치 우리에게 "널 미치게 만들
거야. 얼마나 오래 버티는지 보겠어!"라고 말하는 듯하죠. 그런
상황에서 부정적인 감정이 솟구치는 것은 지극히 정상이니까 죄
책감을 느끼지 마세요. 우리도 사람입니다! 하지만 그 감정을 언

어 혹은 신체적으로, 즉 '직접 행동으로' 옮기는 것은 바람직하지 않습니다. 아이가 거절당했다고 느껴서 행동은 더욱 악화되기만 합니다.

"널 도와주고 싶어"라고 말해보세요.

아이가 잠잠해질 때까지 일단 기다리세요. 그러는 동안 당신의 마음도 차분해질 것입니다. 그런 다음 아이와 함께 조금 전에 있었던 일을 생각해보세요. 그리고 아이에게 이렇게 말할 수 있습니다.

"조금 전에 네 행동 때문에 엄마가 많이 힘들었어. 네가 집에서 조금 더 차분하게 지낼 수 있도록 엄마가 널 도와주고 싶어."

이렇게 해보세요

아이와 함께 문제 해결하기
① 아이와 함께 부모가 느끼는 문제점들을 목록으로 적어보세요.
② 그중에서 하나를 고르세요.
③ 아이와 함께 머리를 맞대고 가능한 해결책들을 찾아보세요.
④ 그중 하나를 골라 2주 동안 실험해보세요.
⑤ 2주 후에 아이와 함께 평가를 해보세요.

13

"엄마 혼자 두지마"

이런 말은 아이를 감정적으로 협박하고 죄책감을 느끼게 만듭니다.
아이는 자유롭고 싶은 욕구와 부모를 만족시켜야 한다는 생각으로
내적 갈등을 겪게 됩니다.

또래관계가 형성된 후부터 아이는 밖으로 나가 놀고 싶어 합니다. 그럴 때 "넌 엄마랑 있는 것보다 친구랑 노는 게 더 좋아?"라든가 "축구 하러 가지 말고 아빠랑 같이 있자"라는 식으로 아이에게 옆에 있어달라는 말을 자주 하면 아이는 큰 부담을 느끼게 됩니다.

부모를 돌보는 것은 아이의 역할이 아닙니다. 아이가 이 역할을 떠맡아야 할 때는 부모가 나이 들어 혼자서 자신을 돌볼 수 없을 때뿐입니다. 인생의 마지막 단계에 이르러 그 역할 변화를 겪는 일은 어른들도 매우 견디기 어렵습니다. 그렇다면 어린아이

에게는 얼마나 힘들지 상상해보세요!

아이는 당신의 애인이 아닙니다. 당신의 애정 결핍이나 버림받은 기분을 아이에게서 보상받으려 하지 마세요.

14

"엄마가 다 봤어!"

아이가 어리석은 짓을 저질렀을 때
절대 수치심을 느끼게 해서는 안 됩니다!

아이가 무언가 잘못을 저지르거나 실수를 했을 때 부모는 "너 지금 뭐했는지 엄마가 다 봤어!"라는 말로 아이를 훈육하려 합니다. 그러나 이런 말은 바람직하지 않은 행동을 그만두게 할 수 있는 것도 아니며 부정적인 영향만 미치게 됩니다. 아이가 수치심을 느끼고 모욕당한 기분이 들면 자기만의 세계에 갇힐 위험이 있습니다.

반면에 자신의 행동과 그 행동이 다른 사람에게 미치는 영향을 이해하고 나면 남을 돕거나 공감하는 능력이 발달되며 미래에 중요한 배움을 얻게 됩니다.

아이의 행동이 반복되지 않도록 방지하는 데 집중하세요!

이 행동이 왜 안 되는지를 아이가 알아들을 수 있는 표현으로 설명해주세요. 아이가 어떻게 잘못을 '고칠' 수 있는지, 잘못을 바로잡고 앞으로는 어떻게 다르게 행동할 것인지 아이와 함께 해결책을 찾아보세요.

"딸이었으면 더 좋았을 텐데···"

특히 막내아이에게 계속해서 딸 혹은 아들이었으면 더 좋았을 거라고 말하지 마세요. 아이가 죄책감과 무력감에 빠질 우려가 있습니다.

당신이 마음속에 지니고 있던 기대나 희망사항을 아이에게 말한다고 해서 상황이 달라지진 않습니다! 원하는 대로 성별을 바꿀 수는 없는 노릇이니까요!

그럼에도 아이에게 농담처럼, 혹은 하소연하듯이 "너가 딸이었어야 했는데···" 혹은 "아들로 태어났어야 했는데···"와 같이 말하면 아이는 아무 잘못도 하지 않았는데 죄책감을 느끼게 됩니다. 자신의 존재 자체를 부정당하는 거니까요.

부모의 이런 말은 농담 섞인 말이라도, 존재를 부정당한 경험으로 아이의 마음에 오래 남아 스스로를 부모의 쓸모에 따라 인정받고, 인정받지 못하는 존재라고 느끼기도 합니다.

당신의 부모님이 당신을 보며 계속 이 말을 반복해서 이야기한다고 생각해보세요. 기분이 어떨 것 같나요?

있는 그대로 아이의 가치를 인정하세요.

존재 자체로 충분히 사랑받아 마땅한 아이라는 것을 느끼게 해주세요. 아이의 자존감을 높여주는 "네가 엄마 아이로 태어나줘서 정말 행복해!"라는 말을 자주 해주세요.

3장

아이의 자신감을 꺾는
부모의 말

16

"너무 나대지마!"

다른 사람들의 시선을 두려워하는 성향은 선천적인 게 아닙니다.
교육을 받고, 또 사회적인 관계를 맺으며 생기게 되는 것이죠.

아이들은 태어날 때부터 자발성을 갖고 있습니다. 처음에는 해도 되는 일과 안 되는 일, 사적인 일과 공적인 일을 구분하는 자각이 없습니다. 그러다가 교육을 통해 한계를 배워나가게 됩니다.

아이가 길거리에서 들려오는 음악에 맞춰 길 한복판에서 춤을 추기 시작한다고 생각해보세요. 이것이 부적합한 행동이라 할 수는 없지만 부모는 당황스럽고 민망함을 느끼며 사회적 거부감을 느낍니다. 아이 역시 교육을 통해, 자라면서 사회적 관계를 통해 상황에 맞는 행동을 분별할 수 있게 됩니다. 어릴 때는 튀는 행동을 하는 게 자연스러운 일이죠.

물론 아이가 정말로 부적합한 행동을 할 때도 있습니다. 예를 들어 버스에서 키가 큰 사람이 앞에 서 있을 때 "저 사람 이상해. 키가 왜 이렇게 커?"라며 큰소리로 이야기할 수 있습니다. 그럴 때는 주의를 주세요. 그 말을 들었을 때 상대방이 거북하게 느낄 수도 있으니까요.

너를 표현해봐!

아이한테 주목받는 행동을 하지 말라고 하는 것은 절대로 소란을 일으키지 말고, 가능하면 튀지 않게 살라고 말하는 것과 같습니다. 이런 교육을 받다 보면 아이는 여러 사람이 함께 있는 상황에서 자신에게 주의가 쏠렸을 때 금세 당황합니다. 민폐 행동이 아니라면, 아이가 좀 더 자유롭게 자신을 표현할 수 있도록 해주세요.

> **이렇게 해보세요**
> • 아이가 사람들 앞에서도 자기표현을 할 수 있도록 격려해주세요.
> • 아이가 위험하거나 부적합한 행동을 할 때는 한계를 정해주세요.

17

"넌 애가 왜 이렇게 못됐니!"

아이가 잘못했을 때 인격을 평가하는 말을 하면
아이는 자신의 행동이 아닌 존재를 비난하는 것으로 받아들입니다.

이 말은 아이에게 그야말로 파괴적인 비난입니다. 아이가 자신의
인격이 총체적으로 나쁘다고 생각하게 되기 때문이죠. 앞서 말했
듯 아이를 꾸짖을 때 '너'라는 표현은 좋지 않습니다. "지금 네가
한 행동은 정말 좋지 않아!"라고 항상 사람과 행동을 구분해서
이야기하고, 아이의 인격이 아닌 행동을 평가하세요.

또 표현에 서툰 아이들은 가끔 억울한 상황에 처할 때가 종종
있기 때문에 시간이 걸리더라도 사실 관계를 정확히 파악해야 합
니다. 사실에 근거해 구체적으로 아이가 한 행동이 왜 좋지 않은
지 설명하고, 마지막으로 아이가 제대로 이해했는지 확인하세요.

상황이 해결된 뒤에는 이렇게 말하세요!

폭풍이 지나가고 아이가 차분해졌을 때 "이제 다시 착해진 거야?" 혹은 "이제야 엄마가 사랑하는 우리 공주님으로 돌아왔네!" 라는 말을 자주 합니다. 그러면 아이는 자기가 차분할 때만 부모가 자신을 사랑한다고 생각합니다. 그보다는 이렇게 말해보세요. "그래. 이제 좀 진정됐어?"

18

"계속 그러면
아무도 너랑 안 놀 걸!"

아이를 나무란답시고 겁을 주거나 위협하는 식의 말은
아이를 위축시키기만 하는 최악의 말입니다.

아이에게 그렇게 행동하면 버려지고, 외로워지고, 거절당할 거라고 위협하는 것은 아이의 행동을 변화시키는 데 도움이 되지 않습니다. 그 말을 들은 아이는 자신은 있는 그대로 사랑받을 가치가 없는 존재라고 생각하게 됩니다. 착해야만, 어떤 행동을 하지 않아야만, 말을 잘 들어야만… 등 사랑받는 데 조건이 필요하다고 생각하게 되는 거죠.

아이는 부모가 자신을 받아들였다고 느끼면 올바르지 않은 행동을 고치려는 경향이 강해집니다. 반대로 부모에게 거부당했다고 느끼면 이미 '실패'로 받아들이기 때문에 행동을 바꾸려는 노력을 전혀 하지 않습니다.

현재만 가지고 생각하세요!

운명론을 펼치거나 예측은 하지 마세요. 그러면 아이의 자존감만
낮아지고 현재 아이의 태도를 고치는 데는 도움이 되지 않습니
다. 현재 아이가 한 행동의 결과만 가지고 이야기하고, 특히 그 행
동을 한 원인을 이해하려고 해보세요.

19

"너 때문에 창피해!"

이런 말은 아이의 마음에 직접적으로 상처를 입혀
버림받았다는 느낌, 수치심을 느끼게 합니다.

아이로 인해 창피함을 느꼈다면, 아이를 꾸짖기 전에 우선 스스로 그 문제를 정확히 파악해야 합니다. 아이의 행동이 잘못돼서가 아니라, 당신의 체면 때문에 혹은 남의 이목을 신경 쓰느라 창피하다는 생각을 하는 경우가 많기 때문입니다.

"내가 무엇 때문에 창피했지?"라고 자신에게 먼저 질문해보세요. 먼저 스스로 질문에 답해본 뒤 그 다음에 아이의 잘못을 설명할 방법을 찾아야 합니다.

예를 들어 아이가 공공장소에서 떼를 쓸 때 아이의 행동이 왜 잘못된 행동인지 설명하지 않고, "사람들 보는데 창피하게 왜 이래!"라며 말을 내뱉고 맙니다. 왜 혼나는지 이유도 모른 채 "너 때문에 창피해"와 같은 말을 들은 아이는 자신의 존재를 수치스럽게 느낄 수 있고, 자존심에 큰 상처를 받을 위험이 높습니다. 또 아이는 그 말을 일반화하여 자신의 존재 자체가 창피하다는 뜻으로 받아들일 수 있습니다.

무심코 내뱉은 말이 아이의 마음속에는 평생 남는다는 것을 기억하세요. 또 부모의 존중을 받지 못한 아이는 자기 자신을 존중하지 못한다는 점을 잊어서는 안 됩니다.

이렇게 해보세요

'창피함'이 느껴질 때는 아이가 잘못된 행동을 한 건지, 아니면 당신의 체면을 신경 쓰느라 화가 난 건지를 먼저 파악하세요!

20

"이게
지금 울 일이야?"

감정에 사로잡히는 일은 어른에게도 종종 일어나는 일입니다.
하지만 어른들은 그 감정을 억누르는 법을 배웠다는 점이 다르겠죠.

아이의 뇌는 성숙하지 않아 감정관리 절차도 아직은 효율적이지
않습니다. 당신이 보기에는 아무것도 아닌 상황에 아이가 격렬하
게 반응하나요? 그럴 때는 당신이 강한 감정에 사로잡혔던 사건
을 생각해보고 그때 느꼈던 감정을 떠올려 보세요. 아이는 자신
에게 닥쳐온 감정의 소용돌이를 통제할 수 없습니다. 감정에서
한발 물러서는 능력을 아직 갖추지 못했기 때문입니다. 자신의
감정을 조절하기 어려운 아이는 감정이 복받칠 때 바로 당신을
필요로 합니다. 그때 아이를 밀어내지 마세요.

공감하며 듣는 연습을 하세요!

판단을 하지 말고, 차분하게 아이에게 이야기하세요. 그리고 현재 일어나는 일에 대해 아이가 말로 표현할 수 있도록 도와주세요. 아이의 이야기를 듣고 난 다음에는 아이가 충분히 그런 감정을 느낄 만하다고 알려주세요. 그 일 때문에 얼마든지 기분이 상할 수 있음을 받아들이세요.

아이와 함께 아이가 느끼는 감정에 이름을 붙여보는 과정도 효과적입니다. 자신의 감정을 하나하나 바로 보는 과정은 아이에게 위안이 됩니다. 그리고 아이의 감정을 그림으로 그리게 하고 함께 이야기해보세요. 아이의 몸 어느 부위에 가장 격렬한 느낌이 있는지도 말하게 해보세요.

이 과정에서 아이는 마음속에서 일어난 일을 이해하고 말로 표현하는 능력을 기르게 됩니다. 감정의 메커니즘을 좀 더 잘 식별하고 이해하며 더 잘 관리하는 방법을 배우는 거죠. 이로써 사회 적응력이 향상되어 어려움을 잘 극복해낼 수 있는 균형 잡힌 어른으로 자라게 됩니다.

"너 바보야?"

아이에게 실망했을 때 종종 이런 말을 내뱉습니다.
하지만 이런 발언은 아이에게 꽤 오랫동안 나쁜 영향을 미칩니다.

아이를 바보 취급하면 아이에게 '바보'라는 꼬리표를 붙여주는 것과 마찬가지입니다. 아이는 계속해서 그 말을 들었을 때 느낀 감정을 품고 살아갑니다. 이 감정이 자존감에 미치는 영향은 매우 커서, 겉으로 식별하지 못하더라도 계속해서 은근히 드러나게 됩니다. 아이는 당신의 이 말을 평생 마음속에 간직합니다.

그래서 이후 어려움이 닥쳤을 때, 아이는 해결책을 찾거나 다른 전략을 시도해보지도 않고, 실패의 원인을 자신의 무능력과 개선 불가능한 내면의 문제로 돌리게 됩니다.

아이가 이해해야 하는 정보를 제대로 설명했나요?

아이가 당신의 설명을 이해하지 못했을 때는 아이를 탓하기 전에, 먼저 아이에게 설명할 때 아이의 발달수준에 맞는 언어를 사용했는지, 아이가 이해하기 쉽게 간단명료하게 지시했는지 되짚어보세요. 그리고 아이에게 뭔가를 설명할 때는 설명을 해주고 난 뒤 아이가 잘 이해했는지 꼭 확인하세요. 이때 당신이 설명해준 이야기를 아이의 말로 표현해보게 하는 게 좋습니다.

22

"넌 공부 체질이 아닌가 봐!"

이런 말을 하면 아이에게 '학교 성적이 나쁜 건
어쩔 수 없는 일'이라는 생각을 심어주어 그 범주 안에 가두게 됩니다.

성적이나 학습속도는 여러 요인에 따라 달라집니다. 학교 성적에
문제가 있다고 생각된다면 먼저 선생님과 대화하고 혹시 학교에
서 아이가 부딪치는 어려움이 있는지, 있다면 어떤 것인지 이해
하려고 노력해보세요.

그리고 건설적인 방법을 찾아보세요. 절대 아이의 자신감을 해
치지 마세요. 아이는 이미 안 좋은 결과를 받고 나서 자신감이 많
이 떨어져 있을 것입니다. 아이에게 "넌 공부 쪽으로는 재능이 없
다"라고 말하지 마세요. 아이가 어려움을 앞에 두고 더 큰 무력감
을 느껴 모두 포기할 가능성이 높아집니다. 그렇게 되면 아이는

끈기 있게 도전하거나, 여러 다른 전략을 시도하거나, 지금 느끼는 감정을 극복하는 방법도 배우지 못할 겁니다.

아이에게 용기를 북돋아주세요!

아이가 학교에서 가치를 두지 않는 분야에 재능이 있을 수도 있습니다. 그러니 아이가 갈 수 있는 길을 찾고 재능을 펼칠 수 있게 해주세요. 관심 있는 분야를 개발하고 열정을 키울 수 있게 도와주어야 합니다. 그것이 원동력이 되어 학교 공부에도 자극이 될 수 있습니다.

이렇게 해보세요

아이의 노력에 대한 감각을 키워주고, 꾸준히 노력할 수 있도록 용기를 주세요!

"다른 애들은 몇 점 받았어?"

부모가 다른 아이와 계속해서 비교한다면 아이는
결코 부모를 만족시키지 못할 거라는 생각을 하게 됩니다.

다른 아이와 비교하는 말은 아이에게 결코 긍정적인 자극이 되지
않습니다. 오히려 의욕만 상실하게 됩니다. 아이가 가야 하는 긴
여정의 길목마다 아이가 도달할 수 없는 목표를 설정해놓는 것은
아무 도움도 되지 않습니다.

　아이의 노력을 지지해주고 싶다면 아이에게 성공할 수 있는 능
력이 있다고 믿어주세요. 아이가 목표에 도달할 수 있도록 다른
사람과 비교하지 말고, 전략을 개선해나가며 개인의 노력과 끈기
가 가치 있음을 배우게 해야 합니다.

　아이들은 각자 다른 속도로 배웁니다. 다른 아이들과 비교 당

하지 않은 아이들은 자신의 능력과 한계를 스스로 점차 깨닫습니다. 이런 아이들은 감정적으로 훨씬 더 균형이 잡혀 있고 스스로 성공의 길을 찾아갑니다. 아이의 능력은 고정된 것이 아니라 역동적이고 변화하는 것입니다.

아이에게 배움과 발견의 기쁨을 알게 해주세요!

아이의 호기심을 자극할 수 있는 놀이를 함께하고, '발견' 활동에 참여시키세요. 아이의 관심 영역을 개발할 수 있도록 도와주고, 인정함으로써 아이의 노력에 가치를 부여해주세요.

이렇게 해보세요

아이의 노력을 가치 있게 여기고, 아이가 자신만의 길을 찾도록 격려해주세요!

"성적이 왜
이 모양이야!"

단순한 능력 부족 때문이 아닐 수 있습니다.
학교성적보다 넓은 범위에서 문제 상황을 분석하세요.

성적이 떨어지거나, 자신의 기대만큼 좋은 성적을 받지 못했을 때 부모는 아이에게 너무나 쉽게 "성적이 왜 이 모양이야!"라며 아이를 탓하곤 합니다. 하지만 성적이 떨어진다고 해서 아이에게 비난을 퍼붓지 마세요. 아이에게 벌을 주면 상황은 더욱 나빠지기만 하고 아이는 결국 입을 다물어 버릴 수도 있습니다.

학교성적이 떨어진 이유에는 여러 복합적인 원인이 있습니다. 따라서 단순히 성적에만 초점을 맞추기보다는 아이가 학교에서 다른 문제를 겪고 있는 것은 아닌지 학교생활을 전체적으로 파악할 필요가 있습니다.

학교생활은 괜찮은지, 단체생활은 어떤지 물어보세요!

학교생활, 단체생활에 힘든 점은 없는지 물어보고 아이에게 말로 표현하게 하세요. 문제가 있다면 어떤 도움을 줄 수 있는지 아이와 함께 찾아보세요. 판단을 내리기 전에 아이의 말을 듣는 게 중요합니다.

이렇게 해보세요

아이에게 버려야 할 안 좋은 습관이 있는지 찾아 적어보세요.

4장

마음속 두려움을 키우는 말

25

"너 하고 싶은 대로 해. 엄마는 이제 상관 안 해!"

**아이가 통제가 되지 않는 상황이 지속되면 지쳐버린 부모가
아이에게 쉽게 내뱉는 이 말에 아이는 금세 위축이 되고 맙니다.**

아이에게 아무리 여러 번 "안 돼!" 하고 말해도 듣지 않으면 다크 서클은 짙어지고, 그냥 다 포기하고 싶어집니다. 사람이라면 당연히 느끼는 감정입니다. 저런 말을 할 때는 아이에게 "그래. 네가 이겼다" 하고 체념하듯 말하겠죠. 하지만 실제로는 아이가 진 것입니다.

아이에게는 이제 제약이 없어졌죠. 아이는 부모의 인내심을 시험해본 것일지도 모릅니다. 그러나 그때 부모가 양보하는 모습을 보이면 아이가 겉으로는 만족한 것처럼 보여도 속으로는 매우 불안해합니다. 아이는 이렇게 생각합니다. '그래. 이제 엄마가 날 포

기했어. 엄마는 내가 어떻게 돼도 상관없는 거야.'

문제 상황에서 잠시 떨어지세요!

주변에 도움을 줄 사람이 없다면 아이와 실랑이를 벌이는 상황에서 일단 잠시 물러서세요. 30초 동안 심호흡을 하고 다시 돌아오세요. 아이가 당신이 하는 지시의 목적을 이해하지 못해서 그럴 수도 있습니다. 아이는 억울하고 부모는 화가 나 감정만 격해지는 상황일 수 있습니다. 30초라도 잠시 상황에서 벗어나는 것만으로 욱하는 감정을 삭히고 이성적으로 상황을 판단할 수 있게 해줍니다. 때로는 아이와 실랑이하던 것을 멈추고 상황을 이성적으로 다시 돌아보세요.

"돈 없어서
큰일이다"

금전적인 문제에 부딪혔을 때 부모가 흔들리는 모습을 보면
아이는 몇 배의 위협과 두려움을 느끼게 됩니다.

아이는 금전적인 문제 상황을 해결할 능력이 전혀 없습니다. 그러니 아이에게 부모의 재정 상태를 자세하게 알려주지 마세요. 그런 말을 해봐야 부모가 이 상황을 통제하지 못한다는 메시지만 전달하게 되어 아이는 두려움을 느낍니다.

그렇다고 아이를 과잉보호하면서 아무것도 변하지 않는다고 말할 필요는 없습니다. 당신이 받는 스트레스를 아이도 곧 느끼게 될 테니까요. 너무 자세히 설명하기보다, 현재 상황이 이러이러하니 지출을 줄이고, 균형을 되찾으려면 어떤 습관을 바꿔야 하는지 명확하고 차분하면서도 자신감 있게 설명하세요. 동시에

돈의 가치에 대해 가르치세요. 그러면 어른이 되었을 때 더 현명하게 대처할 수 있을 것입니다.

아이를 불안하게 만드는 말을 하지 마세요!

"우린 이제 외식 못해"라는 말 대신에 이렇게 말하세요. "우린 이제 집에서 요리해 먹을 거야. 뭘 만들어 먹으면 좋을까?" 아이들을 불안하게 만들지 말고, 아이들도 책임을 가지고 참여하게 하세요.

"안 돼. 네 신발 사줄 돈 없어"라는 말 대신에 이렇게 말하세요. "우리가 신발을 살 수 있는 예산은 5만 원이야. 그 안에서 선택해 봐."

"다 컸는데
그런 걸 무서워하면 안 되지!"

아이의 두려움을 웃어넘기거나 비난하지 마세요.
아이의 감정을 더 잘 이해해줄 때 아이는 성장합니다.

열 살 된 아이에게 "나이가 몇인데 아직도 귀신을 무서워하냐"라고 아이의 두려움을 놀리거나 무시하며 받아주지 않는다면, 받아들여지지 않은 아이의 두려움은 아이의 마음속에서 계속해서 자라나게 됩니다. 아이는 두려움을 해결하지 못해 안심할 수도 없으며, 이해받지 못한 기분에 외로움을 느낍니다.

우선 아이의 두려움을 이해하려고 해보세요. '무엇 때문에 무서울까?', '왜 무서울까?', '아이는 머릿속으로 어떤 끔찍한 시나리오를 그리는 걸까?'

또 이러한 질문을 아이와 함께 나누며 아이의 두려움을 말로 표현하게 해주세요. 그리고 나서 아이에게 두려움을 무찌를 수 있는 전략을 제안해보세요. 그러면 아이는 두려움이라는 환상의 세계에서 자기 자신을 주체로 여길 것입니다. 그리고 "이제 무서 워하지 마. 엄마, 아빠가 너를 보호해줄게"라고 말하며 아이를 안 심시켜 주세요.

아이의 표현력이 약하다면 그림을 이용하세요!

아이가 자신의 두려움을 표현하도록 도와주는 게 중요합니다. 그 런데 아직 말로 표현하는 데 한계가 있다면 그림으로 그리게 해 보세요. 그렇게 하면 아이가 자신의 감정을 더 잘 표출할 수 있습 니다.

28

"그러다 큰일 나! 다쳐!"

아이에게 위험 상황을 강조하지 마세요.
부모에게 지나치게 의존하는 아이로 자라게 됩니다.

부모는 아이가 올바른 결정을 내리도록 안내하고 위험한 점을 설명해줘야 하는 책임이 있습니다. 그럴 때 아이에게 자신의 불안감을 내비치는 것은 좋지 않습니다.

위험을 알려줄 때는 현실적이고, 합리적인 대화를 통해 상황을 알려주는 것이 중요합니다. 아이를 불안하게 만들거나 과잉보호하려고 하지 마세요.

직접적인 위협 앞에서 두려움을 느끼는 것은 당연한 반응입니다. 불안감은 위험을 느낄 때 갖게 되는 반응이죠. 그때 부모가 지나치게 위험 상황을 아이에게 각인시키면 아이의 불안은 만성이 될 수 있으며 온갖 종류의 비합리적인 생각을 부추깁니다. 그러면 아이는 회피하는 전략을 채택하고, 부모에게 지나치게 의존하려 들 것입니다.

위험을 평가하고 추론하는 법을 천천히 가르쳐 주세요.

위험한 상황에서 부모가 아이를 이끌어주고, 지지하며 주의를 기울이는 상황을 만들어주세요. 그 안에서 아이 스스로 위험을 느끼고 주의하는 경험을 시켜주는 게 좋습니다. 아이가 점점 더 자율성을 가져 조금씩 혼자서 할 수 있도록 놔두세요. 그렇게 하면 아이에게 자신감이 생기고, 부모에 대한 의존성은 줄어들며 자존감이 높아집니다.

이렇게 해보세요

"그러다 차에 치여!"라고 최악의 상황을 강조하기보다는 "길을 건널 때는 꼭 주위를 살펴야 돼. 그러지 않으면 달리는 차를 보지 못할 수도 있어"라고 부드럽게 말해주세요.

29

"다른 사람은 절대 믿지 마"

낯선 사람에게 사회적 울타리를 치도록 가르칠 때
지나친 경계심을 심어주는 건 건강한 관계 맺기를 해칩니다.

아이가 위험한 상황에 처하지 않도록 적절한 경계심을 길러주는 것은 중요합니다. 그러나 모든 사람이 나쁜 의도를 가지고 있다고 생각하게 만들면 안 됩니다. 부모가 계속해서 낯선 사람에게 불신감을 보이고 지나치게 경계하면 아이는 이 모습을 학습해 모든 타인에게 의심을 품고 사회에서 건강한 관계를 맺기를 어려워합니다.

믿음은 상황에 따라 다르게 형성됩니다. 이 때문에 우리는 변화하는 믿음을 측정하기 위해 평생에 걸쳐 그 방법을 배워 나갑니다. 맹목적으로 믿음을 주어서도 안 되며, 무조건 거부해서도

안 됩니다. 그보다는 여러 다른 상황을 이해하고 분석하여 판단
력을 발휘하는 방법을 익혀야 합니다.

위험을 측정하는 방법을 가르치세요!

균형을 유지하면서도 무조건 믿지 않고 올바른 경계심을 유지할
수 있는 방법을 가르쳐야 합니다. 아이를 도와주고 싶다면 아이
와 함께 사람들을 만나는 여러 상황을 설정해 연출해볼 수도 있
습니다. 그러면 아이는 상황을 더 잘 구분할 수 있게 됩니다. 다음
과 같이 말이죠.

"모르는 사람이 같이 가자고 하면 어떻게 할 거야?"

"학교 친구가 계속 너한테 거짓말을 하거나 물건을 빌려가서
한 번도 돌려주지 않으면 어떻게 할래?"

그리고 나서 질문과 상황을 바꿔가면서 아이가 말로 표현하게
하세요. 또 상황에 따라, 사람에 따라 다르게 행동해야 하는 이유
를 설명해보게 하세요. 아이가 스스로 판단하는 능력을 점차 길
러나갈 수 있도록 가르치세요. 그것이 현재와 미래의 균형을 유
지할 수 있는 열쇠입니다.

"잘했어. 근데 더
잘할 수도 있었을 텐데"

칭찬을 하고 나서 '하지만'이란 말을 붙이면 아이는
긍정이 아닌 부정적인 내용에만 초점을 맞추게 됩니다.

칭찬이 필요한 상황이라면 아이에게 칭찬의 말만 하세요. 부모의
기대에 살짝 미치지 못했다고 해서 "잘했는데, 다음에는 더 잘할
수 있지?"와 같은 식으로 칭찬 뒤에 '하지만'을 붙이면 긍정적으
로 칭찬한 내용은 아이의 머릿속에서 즉시 사라지고 맙니다.

아이가 성공을 향해 가는 과정을 끊임없이 격려해주세요. 항상
더 많은 것을 기대해서 결과만 보고 아이의 과정에 담긴 노력을
축소시키지 마세요. 성공을 향한 자극은 아이가 자신감을 갖고
자신의 능력을 발견하게 하는 데 있어 매우 중요합니다. 아이에
게 좋은 결과만을 요구하는 것은 당장은 긍정적일 수 있지만 그

효과는 한정적입니다.

　또 학교 성적과 성과에만 집중하면 부정적인 효과가 생겨 아이
는 자신의 성과에 대해 불안해하기 시작하고 그 때문에 점점 더
안 좋은 성과를 내게 됩니다.

이렇게 해보세요

- 칭찬을 할 때는 칭찬만 하세요.
- 결과보다는 과정을 칭찬해주세요.

31

"네 언니처럼 좀 할 수 없니?"

모든 아이는
대체 불가능한 유일한 존재입니다.

형제 관계는 행복의 근원이며 든든한 후원 관계이기도 하지만 지옥이 되기도 합니다. 아이들을 비교하는 순간 지옥이 되죠.

비교는 옳지 않습니다. 아이들의 다른 개성, 재능, 강점, 각자의 약점까지 그대로 인정해주세요. 운동이나 지능, 예술적 재능 같은 테두리 안에 아이들을 집어넣지 마세요. 이렇게 하면 하나의 범주 안에만 갇힌 아이들은 자신의 잠재력을 제한하게 됩니다. 또 아이들은 부모가 강요하는 모습대로 자신을 맞추려고 할 위험이 있습니다.

아이들을 비교하는 것은 특히 형제간의 균형을 유지하는 데 해가 되며 아주 오랜 기간에 걸쳐 부정적인 영향을 미칩니다. 비교는 질투와 원한의 감정을 불러일으키고 자존감을 약화시켜 평생에 걸쳐 문제가 지속될 수 있습니다.

아이들을 각자의 모습 그대로 인정하고 격려해주세요!

형제 중 누군가를 닮으라고 하지 말고 아이 자체의 모습대로 클 수 있도록 격려해주세요. 부모가 아이들의 차이를 존중해주면 형제간의 감정적 유대도 더욱 강화되고 밝은 어른으로 자라날 것입니다.

이렇게 해보세요

비교는 금물! 아이들 각자의 잠재력이 발현될 수 있도록 격려해주세요.

"네가
모범을 보여야지!"

이 말은 주로 형제가 있을 경우 첫째아이에게 하게 됩니다.
하지만 아이는 이런 말을 들으면 큰 압박을 느낍니다.

첫째라고 해서 완벽해야 하는 것은 아닙니다. 가능하면 모든 아이들에게 똑같은 규율을 적용하세요. 다만 나이의 차이는 고려해야겠죠.

아이들에게 요구를 할 때도 일관적인 태도를 취하세요. 두 아이에게 서로 다른 비중을 두거나, 서로 다른 조치를 취하지 마세요! 부당한 느낌만 심어줄 뿐입니다. 첫째에게는 완전무결한 행동을 요구하면서 막내는 그저 어리광쟁이로 받아주면 안 됩니다.

그보다는 첫째아이가 형제들 사이에서 발휘할 수 있는 긍정적인 면과 중요한 역할을 강조하세요.

"너가 형인데 양보해야지"라거나 "너가 잘해야 동생들이 보고 배우지!"와 같이 첫째아이에게 지나친 기대나 책임감을 요구하는 말보다는 "동생이 지금 잘하고 있는지 한 번 봐줄래?", "기특하네. 형답다"와 같이 칭찬의 말이나 도움을 요청하는 방법으로 아이를 대하면 자연스럽게 책임감을 길러줄 수 있습니다.

5장

미래를 부정적으로
생각하게 하는 말

33

"이거 안 하면
엄마 이제 너 안 좋아할 거야!"

부모의 요구에 복종하지 않으면
더 이상 사랑하지 않겠다고 협박하는 것은 매우 안 좋은 전략입니다.

아이에게 복종하는 정도에 따라 당신의 사랑이 달라진다고 가르치는 것은 좋지 않습니다. 부모의 역할은 사랑하고, 이끌어주며, 훈육하여 어른이 되었을 때 잘 살 수 있도록 준비를 시켜주는 것입니다. 말 안 들으면 내쫓는다고 하거나, 아이에 대한 마음이 달라질 거라고 엄포를 놓는 방법은 매우 비효율적이고 아이의 마음에 불안만 심어줍니다. 그러면 아이는 나중에 커서도 사랑받지 못할까 두려워 남들에게 거절하지 못하는 사람으로 자랄 수 있습니다.

아이가 공감 능력을 키울 수 있도록 도와주세요!

아이에게 규칙을 지키지 않으면 다른 사람들에게 어떤 영향이 있는지 설명하고 아이가 호의를 보였을 때는 만족감을 느낄 수 있도록 칭찬해주세요.

"빨리 좀 해!"

"빨리해"란 말은 아이가 현재의 순간을 활용할
능력을 잃게 만듭니다.

우리는 아침 일찍 일어나 아이를 유치원이나 학교에 데려다주고 나서 직장으로 달려가야 합니다. 불행히도 오늘 아침, 아이는 옷을 입지 않으려고 하거나 밥알을 하나하나 세면서 천천히 아침을 먹습니다. 시간은 흘러가고 피로감은 올라오며 슬슬 초초해지죠. 스트레스가 긴장 수준까지 치솟고 아이에게 화를 내기 시작합니다. 아이가 당신이 원하는 속도로 행동하지 않기 때문입니다.

그러나 아이에게 서두르라고 말할수록, 아이는 더 스트레스를 받고 서두르지 않을 것입니다. 아이는 엄마나 아빠가 달리고 헐떡이는 모습을 보면서 어른들의 삶을 '배웁니다'. 하나도 멋지지 않다고 생각하겠죠!

　해결 방법은 시간을 들여 아이가 준비를 잘하도록 가르치는 것입니다. 아이의 생활 리듬을 관찰하고 최대한 거기에 맞추려고 해보세요.

아이에게 강화를 주세요!

아침에 시간 여유를 가지고 준비한 뒤 5분 정도라도 아이와 즐거운 시간을 보내보세요. 일찍 준비를 마치면 즐거운 시간이 뒤따르는 경험을 하고 나면 당신이 준비하는 것에 맞춰 아이도 시간을 맞춰 준비하려고 할 거예요.

이렇게 해보세요

- 아침에 너무 많은 활동을 연달아 하지 마세요. 적게 하면서 더 잘하는 편이 좋습니다.
- 아이가 정말로 시간 관리하는 데 어려움을 느낀다면 구체적으로 분 단위로 시간표를 만들어 냉장고에 붙여두고 규칙을 따르는 재미를 느끼게 하세요.

"넌 절대 결혼하지 마!"

아이가 결혼에 대해 부정적 이미지를 갖게 하지 마세요.
자라면서 직접 자신의 생각을 정립할 수 있도록 해야 합니다.

육아전쟁 중인 부모는 이미 결혼에 대한 환상이 깨졌을 수 있습니다. 그렇다고 해서 왜 아이가 직접 경험하기도 전에 안 좋은 환상을 갖게 하나요?

이러한 부모의 말로 아이는 부부라는 관계에 안 좋은 이미지를 갖게 되고 이는 "결혼을 하면 불행해지는구나"와 같은 편협한 믿음으로 이어질 수 있습니다.

모든 것은 아이가 직접 경험하게 하세요. 당신이 사랑에 대해, 결혼에 대해, 인생에 대해 취하는 냉소적인 사고를 아이에게 전하지 마세요. 아이는 결혼을 혐오하게 될 뿐만 아니라 전반적인 인간관계와 사랑에 불안감을 키우게 됩니다. 그러니 자신의 경험을 일반화시켜 이야기하지 마세요!

물론 부모라면 아이가 다른 누군가를 만나 성공적이고 행복한 삶을 꾸려가길 바랄 것입니다. 그러니 결혼생활에 실망했더라도 아이에게 고스란히 이야기하지 마세요. 또 이혼 가정이라면 당신의 경험이 반드시 아이의 경험과 같지는 않을 거라고 설명해주세요.

한부모 가정이라면 아이를 더욱 안심시켜주세요!

한부모 가정인 경우 특히 이런 말은 더 위험합니다. 아이는 당신이 가족을 구성한 것까지 후회한다고 믿을 수 있습니다. 당신이 결혼에 느끼는 거부감에 자신의 존재까지 통합해서 생각하는 거죠. 그러므로 결혼이나 사랑에 실패했더라도 그건 당신만의 문제이며, 언제든 다시 일어설 수 있다고 설명해 아이를 안심시켜주어야 합니다.

36

"고추 만지지 마. 더러워!"

성의식이 발달해나가는 단계는 아이에게 매우 중요하므로,
이 문제를 이야기할 때는 굉장히 조심스럽게 접근해야 합니다.

3세부터, 때로는 그 이전부터 아이는 성기를 만질 때 느껴지는 감각을 탐험하기 시작합니다. 물론 의식적으로 의도한 행동이 아니며 성에 대해 뭔가를 알고 하는 행동도 아닙니다. 단지 아이에게는 '어, 재미있네. 여기 만지니까 무슨 느낌이 나' 하는 정도에 지나지 않습니다. 이때부터 아이는 자신의 몸을 발견하고 적응하기 시작합니다.

아이가 자신의 성을 발견하는 행동을 할 때 나쁜 일이라고 여기지 않게 하는 것이 중요합니다. 안 그러면 아이는 이런 종류의 쾌락을 맛볼 때마다 죄책감을 느낍니다. 마찬가지로 아이에게

'성은 더러운 것'이라는 인식을 심어주면 나중에 성적으로 성숙해질 나이에 영향을 받을 수 있습니다.

오히려 아이에게 자신의 성기를 만질 권리가 있다고 설명해주어야 합니다. 하지만 어디까지나 내적이고 사적인 영역이므로 방에 혼자 있을 때에만 만질 수 있다고 말해주세요.

아이의 몸은 아이의 것이라고 말해주세요!

아이가 자신의 몸을 탐험하는 것을 자유롭게 두어 성의식을 발달시켜나갈 수 있게 도와주세요. 단, 어느 누구도 아이의 동의 없이 몸을 만질 수 없다는 것을 설명해주세요.

이렇게 해보세요

성은 민감한 문제이므로 아이의 질문에 대답할 때는 항상 아이 연령에 맞게 설명하세요.

37

"그래, 지금을 실컷 즐겨라"

부정적인 기대, 비관적인 생각, 불안감, 불행에 대한 확신을
아이에게 전염시키지 마세요.

이런 말을 아이에게 반복적으로 한다면 어떻게 될까요? 어떤 결
과든 좋지 않을 겁니다. 긍정적 심리와 에너지를 키워가야 할 시
기인 만큼, 현재의 순간을 충분히 즐길 수 있도록 아이에게 편견
없는 가르침을 주세요.

지금을 즐기고, 새로운 모든 것을 흥미롭게 관찰하며, 모든 경
험을 매번 처음처럼 반복하는 것은 사실 타고나는 능력입니다.
그러나 안타깝게도 이 능력은 어른이 되면서 점점 줄어듭니다.
그래서 나이가 들수록 명상을 많이 하면 그 능력을 되찾는 데 도
움이 됩니다.

그러니 현실주의 혹은 "인생은 괴로워. 행복은 순간일 뿐이야"라는 말로 아이의 긍정적인 사고 능력을 보존하도록 돕지 않는 것은 어리석은 일입니다.

아이에게 긍정적인 감정을 가르치세요.

뇌는 근육처럼 기능하기 때문에 습관적으로 부정적인 생각을 하면 부정적인 신경망이 강화됩니다. 그러나 반대로 긍정적인 생각을 하면 다시 긍정적인 신경망이 강화됩니다.

아이에게 행복한 순간들을 '그러모을 수 있도록' 도와주면 긍정적인 사고와 감정을 키우는 데 도움이 됩니다. 그러면 살아가면서 어려움에 부딪쳤을 때 더 잘 견뎌나갈 수 있습니다. 아이가 인식하지 못하고 지나쳤던, 즐거웠던 순간들을 가치 있게 여길 줄 알게 된다면 이는 어른이 되었을 때 긍정적인 기능을 발휘합니다.

"나중에라도
아이는 절대 갖지 마!"

아이에게 나중에 아이를 갖지 말라고 말하는 것은
당신이 아이를 갖지 말았어야 했다는 말과 같습니다.

육아를 하면서 힘들 때면 부모는 무심결에 "넌 나중에 절대 아이 낳지 마!"라는 말을 내뱉곤 합니다. 이 말은 아이는 걸림돌일 뿐이고, 아이 때문에 부모의 인생이 망가졌다고 이야기하는 것과 마찬가지입니다.

너무 일찍 아이가 생겼다고 생각하나요? 자신이 부모라는 역할과는 맞지 않다고 생각하나요? 아이를 키우느라 일을 포기해야 했나요? 자신의 인생에서 소외되어 있다고 느끼시나요?

아무리 힘들고 괴롭더라도 아이는 당신에게 아무것도 요구하지 않았습니다. 아이가 자신의 존재만으로 대가를 치르게 하는 것은 굉장히 파괴적인 행동입니다.

당신의 선택을 받아들이세요!

아이에게 당신의 실망감을 받아내게 하지 마세요. 차라리 전문가
에게 상담을 받아 당신에게 맞는 즐거움을 찾을 수 있도록 삶의
균형을 잡아 나가세요.

39

"원래 인생은 괴로운 거야"

아이들은 아직 경험도 많지 않고 어른처럼 성숙하지 않기 때문에
부모가 주는 확신을 무조건적으로 받아들입니다.

아이는 부모가 전해주는 메시지를 자신의 것으로 통합시키는 경향이 있습니다. "그래. 지금이 좋을 때다", "너도 좀만 더 크면 고통의 시작이야"라며 사는 건 괴로운 거라는 메시지를 아이에게 주지 마세요. 이런 고리를 끊고 아이 스스로 삶에 대한 해석을 내리게 해야 합니다.

어린 시절은 소중한 시기입니다. 아이의 어린 시절을 지켜주세요. 건강하고 행복한 어린 시절은 어른이 되고서 인생과 앞으로 닥쳐올 어려움을 준비하는 데 단단한 버팀목이 되어 줍니다. 가능한 한 아이가 아무 고민 없는 이 시기를 너무 빨리 끝내지 않게

하세요.

당신이 인생에서 부정적인 경험을 많이 했다면 삶에 대한 당신의 태도를 바꾸기 위한 해결책을 찾으세요. 삶에 대한 당신의 씁쓸한 감정을 아이에게 쏟아 붓지 마세요!

이렇게 해보세요

운동이나 명상을 통해 자신의 인생 경험에서 한걸음 물러나 보세요.

6장

부모가 싸웠을 때 아이를
궁지로 몰아넣는 말

40

"자기 아빠
꼭 닮아가지고!"

이 말은 아이뿐만 아니라 아이가 사랑하는
아빠 혹은 엄마를 비난하고 거부하는 말입니다.

칭찬으로 하는 말이라면 아무 문제없지만, 대개 이런 말은 비난
조로 하게 되죠. 이런 말을 하면 아이는 두 배로 상처를 받습니다.
개인적으로 아이를 공격하면서 아이가 사랑하는 아빠나 엄마도
공격하는 것이니까요.

당신이 신의에 대한 갈등을 일으키면 아이는 거기서 헤어 나오
기가 어렵습니다. 아이가 실제로 배우자를 닮았든 안 닮았든 그
것은 상관없는 문제입니다. 그렇게 말하는 것은 아이에게 누구
편에 설지 결정하라고 암묵적으로 강요하는 것입니다. 이런 태도
는 아이를 심리적으로 위축시킵니다. 당신의 말은 아이의 자존

감, 정체성 형성, 관계의 균형에 장기적으로 해로운 영향을 끼칩니다.

부부의 문제는 아이가 아니라 배우자와 해결하세요!

부부 사이에 문제가 있다고 해서 상대방을 비방하지 마세요. 그런다고 해서 갈등이 해결되지 않으며 아이에게는 더 끔찍한 결과만 초래하게 됩니다. 배우자의 가치를 깎아내리려다가 아이를 위험하게 만듭니다.

이렇게 해보세요
아이에게 배우자를 부정적으로 말하면서 닮았다고 지적하지 마세요.

"가서
네 아빠한테 전해"

아이는 전달자도, 중개자도 아닙니다.
아이를 난감한 상황에 몰아넣지 마세요.

부모가 싸웠을 때 흔히 아이에게 말을 전달하도록 시킵니다. 문제 또는 관계에서 갈등이 있을 때 아이를 중개자로 이용하지 마세요. 이는 아이를 난감한 상황에 처하게 하는 일이며, 아무 책임 없는 아이를 갈등의 한가운데로 몰아세워지는 일입니다.

부부 사이의 문제를 아이에게 간접적으로 해결하게 하는 것은 끔찍하게 무거워진 짐을 씌우는 일입니다. 양쪽 부모에게 느끼는 아이의 신의와 애정에 상처를 낼 위험이 있습니다. 또 아이 스스로 죄책감을 느낄 수 있습니다.

아이와 부모의 관계도 해칠 수 있고, 아이의 감정적 균형과 기준에도 문제가 생길 수 있습니다. 아이와 부모라는 관계를 도구로 여기지 마세요. 아이는 양쪽 부모에 대한 신의를 유지할 수 있어야 합니다.

부부 사이의 갈등에 아이를 끌어들이지 마세요!

배우자와 싸웠을 때 아이를 끌어들여 아이가 감당할 수 없는 역할을 부여하는 것만큼 안 좋은 것도 없습니다. 해로운 영향을 미칠 수 있고, 장기적으로 볼 때 아이를 망치는 일입니다. 어른들의 문제는 어른들끼리 직접 해결하세요.

42

"네 생활이 달라지는 건 아무것도 없을 거야"

오늘날 이혼이 흔한 일이 되었다고 해서
부모의 이혼을 겪는 아이의 괴로움이 줄어드는 것은 아닙니다.

부모가 헤어졌는데도 아이에게 아무런 변화가 없을 거라는 말은 순전히 거짓말입니다. 이제 엄마 아빠를 함께 볼 수 없고, 집도 두 곳으로 나뉘고, 두 도시를 오가며 살아야 할 수도 있죠. 아이의 가정생활은 완전히 달라질 것입니다!

아이가 겪게 될 현실적인 변화를 충분히 설명해주어야 합니다. 아이가 정보를 받아들일 시간을 주세요. 아이도 모든 것을 다 느끼므로 거짓말을 하려고 하지 마세요.

여전히 아빠와 엄마가 널 돌봐줄 거야!

아이가 슬프고 화가 나는 것을 이해한다고 말해주는 것이 중요합니다. 지금 일어난 일이 아무것도 아닌 것처럼 행동하기보다 아이의 감정에 공감하고 반응해주세요. 그리고 엄마 아빠가 헤어진 것은 결코 아이의 잘못 때문이 아니며, 두 부모 모두 아이를 사랑하는 마음에는 변함이 없을 거라고 계속해서 안심시켜 주세요.

어른들 사이의 사랑은 변할 수 있지만 아이에 대한 사랑은 무슨 일이 있어도 변하지 않는다고 말해주는 것이 중요합니다.

43

"엄마는 네가 필요해"

부모는 아이의 감정 상태와 안녕에 책임이 있지만
반대로 아이에게는 그런 책임이 없습니다.

아이의 능력을 벗어나는 역할에 갑작스럽게 아이를 몰아넣지 마세요. 아이가 어른을 심리적으로 책임진다는 것은 불가능합니다. 살면서 질병, 죽음, 이혼 등 큰 사건으로 매우 어려운 시기를 겪고 있다면 다른 어른들이나 전문가에게 요청해 도움을 받으세요.

아이는 아이의 삶을 계속 살도록 놔두고 당신이 겪고 있는 어려움이 어떤 것인지만 설명해주세요. 아이에게 의존하는 식으로 부모와 아이의 역할을 바꾸지 마세요. 아무 걱정 없이 놀아야 할 아이의 권리를 존중하세요. 절대 자신의 기분을 풀기 위해 아이에게 하소연하거나 책임을 덧씌우지 마세요. 부모와 아이의 관계는 대칭적이지 않습니다. 그리고 일어난 일은 무엇보다 아이 수준에 맞게 간단한 말로 설명해주세요.

아이가 느끼는 감정을 말로 표현할 수 있게 도와주세요.

부모의 고통은 아이에게 영향을 미칩니다. 부모가 요구하지 않았더라도 아이는 자신의 감정을 포함해 부모를 '보호'하려고 할 수 있습니다. 이런 경우에 아이는 중립적인 입장에 있는 사람에게 마음을 털어놓기가 훨씬 쉽습니다. 아이가 고통스러워하는 게 보이는데 아무 말도 하지 않는다면 외부에 도움을 요청해보세요. 아이에게 너무 일찍 책임을 지우면 문제적 관계를 회피하게 됩니다.

44

"아빠가
우릴 버리고 간 거야"

이혼을 하게 된 지금, 당사자의 고통은 견딜 수 없을 지경입니다.
하지만 당신의 고통을 아이에게 그대로 전달해서는 안 됩니다.

고통 받고 화가 나는 상황에서 상대방의 사진을 간직하는 것은
매우 어렵고 어마어마한 노력이 필요한 일입니다. 하지만 떠난
사람을 위해서가 아니라 아이를 위해 남겨둔다고 생각하세요. 상
대편 배우자의 사진을 다 없애버리면 아이의 일부를 파괴하는 것
과 마찬가지입니다.

아이에게 "아빠가 엄마는 떠났지만 널 떠난 건 아냐!"라는 메
시지를 주어야 합니다. 떠난 사람과 아이를 적대 관계로 만들거
나 자신의 고통을 아이와 함께 나누면 아이는 양쪽 부모에 대한
신의 때문에 갈등합니다.

배우자가 정말로 나쁜 행동을 했다 해도 인내심을 가지세요. 나중에 아이도 깨달을 것입니다. 아이가 충분한 나이가 되어 자신만의 견해를 갖게 될 때까지 놔두세요. 지금 당장은 고통스러울 수 있지만 아이는 다른 부모에 대해 긍정적인 이미지를 유지할 수 있도록 해준 것을 고마워할 것입니다. 아이는 부모의 고통을 관리해줄 수 없습니다. 아이는 아이일 뿐, 부모의 카운슬러가 아닙니다!

절대로 배우자에 대해 나쁘게 말하지 마세요.

당신이 어떤 어려움에 처해 있든, 배우자와 어떤 문제를 겪었든, 당신의 아이는 속내 이야기를 하기에 적합한 대상이 아닙니다. 되도록 아이가 배우자의 이미지를 그대로 간직하게 두세요. 두 부모 사이에서 신의의 갈등을 겪는 등 고통스러워하지 않도록 하는 것이 중요합니다.

45

"엄마 옆에 좀 있어줘"

살다 보면 감당하기 어려운 일을 겪어 타인의 도움이 필요할 때도
있습니다. 그때 아이에게 불가능한 임무를 부여하지 마세요.

아이는 당신의 부모가 아닙니다. 도움은 아이에게서 받는 것이
아닙니다. 역할을 혼동하지 마세요. 이런 상황은 아이의 자립성
을 방해하고 균형을 해치는 감정적 의존 관계를 형성합니다. 아
이에게 절대 '부모의 역할'을 요구하지 마세요.

부모의 역할을 강요받은 아이는 죄책감을 강하게 느끼며 지나
친 책임감 앞에서 자존감이 훼손되고 무력감을 느끼게 됩니다.
아이가 나이에 맞는 책임감과 자립심을 기를 수 있어야 부모와의
관계도 더욱 건강해집니다.

버팀목 기법을 활용하세요!

부모가 아프거나 다른 이유로 아이에게 많은 시간이나 에너지를 투자할 수 없다면 버팀목 기법을 활용해 아이가 좀 더 빨리, 그러나 건강하게 자립할 수 있도록 도와주세요.

간단한 일부터 먼저 그 일을 어떻게 하는지 보여주고 다음에는 직접 해보라고 하면서 부분적으로 도와주세요. 아이가 혼자 할 수 있도록 격려해주다 보면 당신은 점진적으로 그 활동에서 손을 뗄 수 있게 될 것입니다. 이 기법을 버팀목 기법이라고 부르는데 다양한 학습에 매우 효과적입니다.

경험 있는 어른으로부터 지지와 안내를 받은 아이는 상호작용 과정에서 모방을 통해 배웁니다. 그렇게 능력을 개발하다 보면 차차 아이는 자신의 능력을 평가하며 빨리 자립성을 키우게 됩니다.

"네 동생 좀 돌봐줘!"

**아이는 아이의 위치에 남아 있어야 합니다.
아이에게 어른의 역할을 떠넘기지 마세요.**

아이의 형제를 돌봐야 할 사람은 부모밖에 없습니다. 아이보다
더 어린 동생을 돌보는 일은 물론 책임감을 기를 수 있는 가치 있
는 일이지만 아이는(보통 이런 임무를 맡게 되는 것은 첫째 아이
입니다) 그럴 능력이 없습니다. 압박감이 너무 크고 책임은 무겁
습니다.

특별한 임무를 맡을 수 있도록 가르치세요. 예를 들면 놀이나
학습을 할 때 옆에서 첫째아이에게 동생에게 놀이의 규칙을 알려
주라고 해보세요. 이렇게 아이의 발달 수준에 맞는 일을 맡기는
것이 좋습니다. 아이가 버겁지 않은 수준에서 책임을 맡기세요.

7장

아이를
편식하게 하는 말

"그냥 해주는 대로 좀 먹어!"

아이에게 음식을 강요하면 식사 시간에 긴장감이 형성되어
부정적인 영향을 끼칩니다.

편식하지 않는 아이, 건강한 식습관을 지닌 아이로 자라게 하고
싶다면 아이가 식사 시간에 즐거움을 느낄 수 있게 해주는 것이
가장 중요합니다. 그를 위해 우선 아이가 맛을 발견하고 표현할
수 있어야 합니다. 식사할 때 먼저 아이에게 맛이 어떤지 물어보
세요. 그리고 아이가 여러 가지 다양한 맛을 느낄 수 있도록 가르
치세요. 그래야 다음에 새로운 음식을 맛볼 때 두려움을 없앨 수
있고 편식 습관을 고칠 수 있습니다.

식탁에 차려진 모든 음식을 맛보게 하고 표현하게 해보세요.
부모가 먼저 여러 다른 식재료를 먹어보고 아이에게 표현해보세

요. 그러면 아이가 그만큼 따라할 확률이 높습니다.

아이에게 선택권을 주세요.

아이가 정말로 싫어하는 음식을 억지로 먹게 하면 오히려 지속적으로 그 음식을 거부할 위험이 있습니다. 모든 것은 균형 문제입니다. 아이는 특정 음식을 좋아하지 않을 수 있습니다. 시금치나 콩, 당근 같은 것을 싫어할 수 있죠. 하지만 그밖에 다른 음식을 골고루 먹는다면 걱정할 것 하나 없습니다. 또 아이에게 "콩 먹을래? 당근 먹을래?"와 같이 선택권을 준다면 아이는 좀 더 거부감 없이 음식을 받아들일 수도 있습니다.

이렇게 해보세요

아이가 음식을 만드는 데 참여하게 하고 요리 과정에서 느끼는 감각을 말로 표현하게 하세요. 간단한 요리 준비 과정을 체험하면서 재료의 색깔과 냄새, 촉감을 묘사한 후 재료를 선택하게 하세요. 아이들의 감각을 일깨워주면 음식을 좀 더 잘 먹을 수 있습니다.

48

"안 돼.
그만 먹어!"

식사 시간은 아이의 건강하고 균형 잡힌 식습관이 발달하도록
함께 식사의 즐거움을 발견하고 나누며 어울리는 시간이어야 합니다.

물론 아이에게 저런 말을 하는 의도는 아이가 건강을 유지하길
바라서일 것입니다. 하지만 대부분 아이의 체중 때문인 경우가
많습니다. 아이의 신체에 대해 걱정하는 모습을 내비치지 말아야
합니다.

아이 체중에 대한 걱정을 부모 스스로 해결하지 못하고 식사
시간에까지 끌고 오면, 아이도 음식에 양면적인 태도를 키울 위
험이 있습니다. 아이는 먹는 것 자체에 죄책감을 느끼게 되고 배
가 고플 때면 수치심을 느낄 수도 있습니다.

가족 모두에게 균형 잡힌 식습관을 심어주세요!

식사 시간에 부정적인 대화는 제쳐두는 것이 좋습니다. 건강하고 위생적인 생활, 균형 잡힌 식사, 활력 있는 활동에 초점을 맞추세요.

아이의 식욕이 왕성해서 걱정이 된다면 식탁에 있는 음식을 치우는 대신 음식을 접시에 조금씩 덜어서 주세요. 그러면 식탐이 조금 줄어들 것입니다.

이렇게 해보세요

아이가 통통하다고 해서 식사 시간에 음식을 제한하거나 다이어트를 요구하지 마세요. 대신 애피타이저로 칼로리가 낮은 음식을 많이 먹게 하는 등의 방법을 찾아 아이가 식사의 즐거움을 잃게 해서는 안 됩니다.

49

"너 너무 뚱뚱하다고 생각하지 않니?"

모든 아이들이 미디어에서 제시하는 미적 기준에 맞게
날씬하고 호리호리하게 자라는 것은 아닙니다.

표준에 맞지 않더라도 자신의 몸을 사랑하는 마음을 길러줘야 합니다. 자신의 신체를 대하는 태도와 자존감은 다른 사람들의 시선과 말을 통해 형성됩니다. 아이에게 과체중 문제가 있다고 해도 굳이 그 이야기를 하는 것은 아이에게는 비난밖에 되지 않습니다. 아이가 음식과 해로운 관계를 맺게 될 위험이 있습니다.

아이가 자기 스스로 신체 변화를 감지하기는 어렵습니다. 주변에서 관리해주는 것이 도움이 되기는 하지만 아이의 마음을 상하게 하는 언급은 피하세요. 그런 말을 들은 아이는 죄책감을 느끼고, 강한 수치심을 느낍니다. 아이에게 해로운 영향을 미치고 상황을 악화시킬 뿐입니다.

음식을 섭취하는 일에 대해 지나치게 걱정하게 만들어서도 안 됩니다. 균형 잡힌 식사를 장려하고 그 효과를 이해시키는 것이 중요합니다.

음식-보상 메커니즘에 주의를 기울이세요.

상황을 전체적으로 살펴보세요. 음식을 섭취하는 아이의 행동 뒤에 감춰진 다른 문제가 있을 수 있습니다. 불안감이나 우울감이 원인이 되어 아이는 음식으로 보상을 받으려는 경우가 있습니다. 아이가 음식에 과하게 집착한다면 아이의 심리가 불안정한 걸 수도 있으니 식습관뿐 아니라 전체적인 상황을 살펴볼 필요가 있습니다.

"조심해.
너 또 뚱뚱해진다!"

아이의 식습관이나 외모에 관한 걱정을
내비치지 않는 것이 중요합니다.

아이는 부모가 음식에 보이는 태도를 포함해 긴장감까지 그대로 '흡수'합니다. 혹시 지금 당신이 다이어트를 하고 있다면 혼자서 조용히 하세요. 아이가 볼 때 당신이 항상 몸무게를 재거나 자신의 체중을 부정적으로 표현하면 아이도 신체에 부정적인 이미지를 갖게 됩니다. 아이에게 압박감을 주는 것은 아무 도움도 되지 않습니다.

　건강한 음식을 먹게 하고, 신체 활동의 중요성을 일깨워주며, 아이와 함께 식후 걷기를 해보세요. 아이에게 체중 이야기를 계속해봐야 걱정만 키우고 자존감만 해칠 뿐입니다.

부모의 역할은 아이가 음식을 선택할 때 좋은 음식을 선택하도록 이끌어주는 것입니다. 다이어트 이야기보다는 건강과 웰빙에 관해 이야기하세요.

건강과 웰빙 식습관을 실행해보세요!

온 가족이 참여하는 방식을 채택하세요. 맛있지만 칼로리가 적은 요리법을 활용해 함께 만들고, 그 음식을 먹으며 맛을 평가하는 식으로 가족이 함께 참여하는 방식이 좋습니다. 가족 식단을 다양하게 구성하고 여러 음식 간에 균형이 맞는지 살펴보세요.

또 식사 시간을 지키게 하고 집에 간식을 많이 두지 마세요.

신체 활동에 주의를 기울이는 것도 중요합니다. 예를 들면 식사 후에 걷기를 해보세요. 아이는 건강한 생활 습관을 갖게 되고 이 습관은 평생에 걸쳐 지속될 것입니다.

옮긴이 양진성

중앙대학교 불어불문학과를 졸업하고 한국외국어대학교 통번역대학원 한불과에서 공부했다. 현재 미국에 거주하며 번역 에이전시 엔터스코리아 출판기획 및 불어 전문 번역가로 활동 중이다. 주요 역서로는 《딴짓의 재발견 첫 번째 이야기》《엄마가 지켜보고 있다》《늑대가 너무 무서워》《소크라테스 토끼의 똑똑한 질문들》《아이주도 이유식》외 다수가 있다.

부모가 아이에게 절대로 해서는 안 되는 말 50

초판 1쇄 발행 2020년 7월 31일

지은이 리자 르테시에, 나타샤 디에리
펴낸이 정덕식, 김재현
펴낸곳 (주)센시오

출판등록 2009년 10월 14일 제300-2009-126호
주소 서울특별시 마포구 성암로 189, 1711호
전화 02-734-0981
팩스 02-333-0081
전자우편 sensio0981@gmail.com

기획·편집 이미순, 김민정 **외부편집** 정지은
경영지원 김미라 **홍보마케팅** 이종문, 한동우
디자인 유채민 **일러스트** 키큰나무

ISBN 979-11-90356-66-4 03590

이 도서의 국립중앙도서관 출판예정도서목록(CIP)은 서지정보유통지원시스템 홈페이지(http://seoji.nl.go.kr)와 국가자료공동목록시스템(http://www.nl.go.kr/kolisnet)에서 이용하실 수 있습니다. (CIP제어번호: CIP2020024755)

잘못된 책은 구입하신 곳에서 바꾸어드립니다.

소중한 원고를 기다립니다. sensio0981@gmail.com